1 分钟儿童小百科

蝴蝶小百科

介于童书 / 编著

江苏凤凰科学技术出版社 · 南京

图书在版编目（CIP）数据

蝴蝶小百科 / 介于童书编著 . — 南京 : 江苏凤凰科学技术出版社, 2021.2（2022.8 重印）
（1 分钟儿童小百科）
ISBN 978-7-5713-1524-5

Ⅰ . ①蝴… Ⅱ . ①介… Ⅲ . ①蝶—儿童读物 Ⅳ . ①Q964-49

中国版本图书馆 CIP 数据核字 (2020) 第 216612 号

1分钟儿童小百科

蝴蝶小百科

编　　著	介于童书
责任编辑	陈　艺
责任校对	仲　敏
责任监制	方　晨
出版发行	江苏凤凰科学技术出版社
出版社地址	南京市湖南路 1 号 A 楼，邮编：210009
出版社网址	http://www.pspress.cn
印　　刷	北京博海升彩色印刷有限公司
开　　本	710 mm × 1 000 mm　1/24
印　　张	6
字　　数	18 000
版　　次	2021年2月第1版
印　　次	2022年8月第3次印刷
标准书号	ISBN 978-7-5713-1524-5
定　　价	39.80元（精）

扫一扫 听一听

前言

春天到了，百花如约盛放。循着阵阵香气走过去，呀，花丛中竟然有许多小精灵在翩跹起舞呢！小心翼翼地凑近一看，原来是给花儿授粉的蝴蝶啊！它们的翅膀可真漂亮，有的是黑白相间的，有的是橘红色的，还有的是耀眼的亮黄色、金绿色、深紫色、青蓝色……真是五彩缤纷！可是，你知道它们都是什么蝴蝶吗？你能分辨出它们是雄蝶还是雌蝶吗？你知道蝴蝶幼虫常栖息在什么植物上吗？想知道更多蝴蝶的秘密，就赶快阅读这本书吧！

目录

凤蝶

蛱蝶

灰蝶

fèng dié
凤 蝶

quán shì jiè de fèng dié yí gòng yǒu duō
全世界的凤蝶一共有850多
zhǒng tā men yì bān tǐ xíng jiào dà yí tài yōu
种，它们一般体形较大，仪态优
měi xǔ duō zhǒng lèi de hòu chì zhǎng yǒu xiū cháng de
美，许多种类的后翅长有修长的
wěi tū chì bǎng zhǔ yào yǐ hēi huáng bái wéi jī
尾突，翅膀主要以黑、黄、白为基
sè shàng miàn zhuāng shì yǒu hóng lán lǜ huáng děng
色，上面装饰有红、蓝、绿、黄等
cǎi sè de bān wén huò bān kuài hái yǒu yì xiē zhǒng
彩色的斑纹或斑块，还有一些种
lèi shèn zhì jù yǒu gèng wéi càn làn yào yǎn de lán
类甚至具有更为灿烂耀眼的蓝
sè lǜ sè zǐ sè huáng sè de guāng zé fēi
色、绿色、紫色、黄色的光泽，非
cháng piào liang
常漂亮。

绿鸟翼凤蝶体形较大，是印度尼西亚的国蝶。雄蝶的胸部是黑色的，腹部是黄色的，背面翅色主要有黑、绿两种颜色，就像一个绚丽的眼罩；雌蝶体形比雄蝶大得多，且以深棕色为基色。绿鸟翼凤蝶非常珍稀，主要分布在马六甲到巴布亚新几内亚之间的地区，以及所罗门群岛和澳大利亚北部。

蝴蝶小知识

绿鸟翼凤蝶幼虫以马兜铃属植物的叶片为食物，且处于幼虫期的绿鸟翼凤蝶颜色会从黑褐色逐渐变为灰色。

金裳凤蝶是一种大型蝴蝶，飞行能力比较强，尤其喜欢滑翔飞行，姿态优美。雄蝶与雌蝶之间最大的区别在后翅，雄蝶后翅呈金黄色，且随着光线角度的变化，会变幻出青色、绿色和紫色；雌蝶的后翅则有5个标志性“A”字。金裳凤蝶的寿命较长，可活1个月以上，而普通蝴蝶的寿命一般为10～15天。

蝴蝶小知识

金裳凤蝶的繁殖方式是卵生，其幼虫体形较大，以植物的叶片和嫩芽为食。

绿带燕凤蝶喜欢水，一般在林区的沼泽地带活动。其外形非常独特，有又长又宽的折叠尾和长长的触角。绿带燕凤蝶的头部较宽，前翅近似直角三角形。雄蝶与雌蝶的不同在于雌蝶在腹部腹面尾端有1个较大的交配槽。此类蝴蝶被做成标本后，它们的绿色横带会随着保存时间的延长而褪色。

蝴蝶小知识

绿带燕凤蝶的幼虫栖息在君子科植物上，以这类植物的叶片和嫩芽为食，末龄幼虫斑纹变化较大，且身体呈深绿色。

斑凤蝶喜爱访花，虽然它们平时飞行比较缓慢，但其飞行能力极强，能够连续飞行数小时。雄蝶的翅面呈黑褐色或棕褐色，上面有明显的条状与块状斑纹或斑点，多为灰白色；雌蝶的翅膀颜色更暗，翅面斑纹为淡黄色。雄蝶下翅内侧有上翻构造，雌蝶则没有。

蝴蝶小知识

斑凤蝶的卵略呈球形，且颜色呈鲜绿色。其幼虫常栖息在木兰科的玉兰花、含笑花及番茄枝科的番茄枝等植物上。

达摩凤蝶分布广泛，较为多见，常出现在油画、邮票、摄影等艺术作品中。其成虫喜爱访花，喜欢生活在潮湿地带，如水边或池塘附近。此类蝴蝶无尾，其背部为黑色或黑褐色，翅膀为黑色或黑棕色，翅面分布着大量不规则黄色宽带，且在臀角还有红斑。达摩凤蝶属于害虫和入侵物种，有“死亡之蝶”之称。

蝴蝶小知识

达摩凤蝶繁殖速度很快，一年发生多代。其幼虫主要栖息在芸香科的黄皮、假黄皮、食茱萸、光叶花椒等植物上，以其嫩叶为食。

lán wěi cuì fèng dié

蓝尾翠凤蝶

lán wěi cuì fèng dié shì yì zhǒng xǐ huan huá xiáng fēi xíng de zhōng
蓝尾翠凤蝶是一种喜欢滑翔飞行的中
dà xíng hú dié fēi xíng sù dù huǎn màn zī tài yōu měi xióng dié
大型蝴蝶，飞行速度缓慢，姿态优美。雄蝶
de chù xū hé shēn tǐ jūn chéng hēi sè yǒu shǎo xǔ lǜ sè de róng
的触须和身体均呈黑色，有少许绿色的绒
máo qián chì chéng hēi hè sè zhōng jiān yǒu lán lǜ sè de cū tiáo
毛；前翅呈黑褐色，中间有蓝绿色的粗条
wén tiáo wén biān yuán wéi shēn hēi sè hòu chì de wěi duān yǒu lán
纹，条纹边缘为深黑色；后翅的尾端有蓝
lǜ sè de bān diǎn cí dié bǐ xióng dié dà yì xiē cí dié de
绿色的斑点。雌蝶比雄蝶大一些，雌蝶的
lán lǜ sè tiáo wén bǐ xióng dié de zhǎi duǎn
蓝绿色条纹比雄蝶的窄、短。

蝴蝶小知识

蓝尾翠凤蝶一年产卵多次。它们的幼虫喜食芸香科植物，如柑橘、毛刺花椒等。

天堂凤蝶是美的化身。它们的前后翅上大部分都为宝石蓝色，颜色纯净而有光泽，翅的边缘为黑色，背面呈深棕色，后翅上还有黑色的尾突，头和胸都为黑色。天堂凤蝶喜热，主要生活在热带地区，它们会为了温度和食物进行季节性的迁徙。

天堂凤蝶雄蝶很容易被蓝色的物体吸引，捕蝶人常利用这一特性，拿蓝色的纸或布来捕捉它们。

gān jú fèng dié xǐ ài fǎng huā cháng qī xī zài kōng kuàng dì
柑橘凤蝶喜爱访花，常栖息在空旷地
dài huā yuán gōng yuán lín dì hé gān jú zhòng zhí yuán yīn qí
带、花园、公园、林地和柑橘种植园。因其
tǐ chì de yán sè huì suí zhe jì jié de gǎi biàn ér biàn huà
体、翅的颜色会随着季节的改变而变化，
suǒ yǐ fēn wéi chūn xíng hé xià xíng liǎng zhǒng chūn xíng sè jiào dàn
所以分为春型和夏型两种：春型色较淡，
chéng hēi hè sè xià xíng sè jiào shēn chéng hēi sè gān jú fèng dié
呈黑褐色；夏型色较深，呈黑色。柑橘凤蝶
chì miàn de mài wén jiào cū chì bǎng wài yuán yǒu hēi sè kuān dài
翅面的脉纹较粗，翅膀外缘有黑色宽带，
qiě kuān dài zhōng hái cáng yǒu yuè xíng bān qí hòu chì yǒu míng xiǎn wěi
且宽带中还藏有月形斑；其后翅有明显尾
tū tún jiǎo hái dài yǒu yí kuài hēi xīn de chéng sè yuán bān
突，臀角还带有一块黑心的橙色圆斑。

蝴蝶小知识

柑橘凤蝶的名字非常特殊，是唯一一种与它们所食的植物同名的蝴蝶。

北美大黄凤蝶

北美大黄凤蝶的雄蝶和一些雌蝶的翅面呈黄色，分布有黑黄相间的虎斑纹。翅面外缘有黑色的宽带，里面藏有1列黄色的小斑点；后翅的尾突呈钩形，又尖又细。雌蝶翅膀的底色一般为暗褐色或黑色，在北美洲的南部最常见，据说是有毒的美洲蓝凤蝶的拟态。它们越往北体形越小，翅膀的颜色也越淡。

蝴蝶小知识

北美大黄凤蝶是北美洲分布最广的一种凤蝶，滑翔飞行的能力较强。

hóng xīng huā fèng dié shì yì zhǒng fēi cháng dú tè yǐ hēi sè
红星花凤蝶是一种非常独特、以黑色
hé tǔ huáng sè wéi zhǔ sè de dié zhǒng tā men de chì bǎng tú àn
和土黄色为主色的蝶种。它们的翅膀图案
jīng měi qiě fù zá shàng miàn yǒu xiān yàn de yǐn rén zhù yì de
精美且复杂，上面有鲜艳的、引人注意的
hóng sè dà bān diǎn hòu chì de hóng bān shèn zhì xíng chéng le tiáo
红色大斑点，后翅的红斑甚至形成了1条
bān diǎn liàn xióng dié yì bān bǐ cí dié xiǎo ér qiě qí huáng sè
斑点链。雄蝶一般比雌蝶小，而且其黄色
sè diào yě shāo qiǎn yì xiē hóng xīng huā fèng dié de huó dòng qī hěn
色调也稍浅一些。红星花凤蝶的活动期很
cháng cóng dōng tiān yì zhí dào dì èr nián chūn tiān jié shù dōu néng
长，从冬天一直到第二年春天结束，都能
jiàn dào tā men de shēn yǐng
见到它们的身影。

蝴蝶小知识

红星花凤蝶的幼虫以马兜铃的叶片为食，其虫体为淡褐色，身体上长着成排的又粗又短的红色小疣，小疣上还长着坚硬的毛刺。

台湾宽尾凤蝶

台湾宽尾凤蝶是我国台湾地区特有的大型蝶种，1932年首次被发现，它们不仅美丽而且特别稀少，具有很高的学术研究价值。其身体基本呈黑色，有时为暗褐色，但后翅的中央附近有较大的白纹，白纹的外缘至尾端有1排红色的弦月形纹，很像传说中凤凰的尾巴。雄蝶、雌蝶在外形上比较相似，但雌蝶的体形要稍大一些。

蝴蝶小知识

台湾宽尾凤蝶的幼虫以台湾檫树的叶片为食，食性单一。

cuì yè hóng jǐng fèng dié
翠叶红颈凤蝶

cuì yè hóng jǐng fèng dié shì mǎ lái xī yà de guó dié
翠叶红颈凤蝶是马来西亚的国蝶，
yīn qí bó zi shàng yǒu yì quān hóng sè róng máo ér dé míng qí tóu
因其脖子上有一圈红色绒毛而得名。其头
bù hé xiōng bù jūn wéi hēi sè fù bù wéi zōng sè cuì yè hóng
部和胸部均为黑色，腹部为棕色。翠叶红
jǐng fèng dié cí xióng jí hǎo fēn biàn xióng dié chì bǎng shàng yǒu lǜ sè
颈凤蝶雌雄极好分辨，雄蝶翅膀上有绿色
de sān jiǎo xíng bān kuài ér cí dié de bān kuài wéi bái sè ǒu
的三角形斑块，而雌蝶的斑块为白色，偶
ěr dài yǒu lǜ sè cuì yè hóng jǐng fèng dié shēng huó zài rè dài sēn
尔带有绿色。翠叶红颈凤蝶生活在热带森
lín tā men fēi xíng huǎn màn dàn fēi xíng lì qiáng xǐ huan yú chén
林，它们飞行缓慢，但飞行力强，喜欢于晨
jiān huò huáng hūn shí fǎng huā xī mì
间或黄昏时访花吸蜜。

蝴蝶小知识

翠叶红颈凤蝶的幼虫栖息在几种马兜铃属植物上，以其叶片为食。幼虫期有五龄，且从一龄到末龄都栖息在叶的正面。

红珠凤蝶是中到大型的美丽蝶种。它们的体背为黑色，头部、胸侧、腹部末端生有细密的红毛。其后翅的外缘呈波状，翅缘有6～7个弯月形的粉红色或黄褐色斑，而且它们的尾突较大，极为明显。红珠凤蝶飞行缓慢且具有群集性，常飞翔在山地和平原地区，一般在春季和秋季比较常见。

蝴蝶小知识

红珠凤蝶的初龄幼虫为橙红色，后期逐渐变为暗红色或红黑色。其幼虫不喜欢活动，常栖息在叶背或茎蔓上。

金凤蝶是一种大型蝶，喜欢访花吸蜜，少数有吸水活动。它们的体背有1条宽宽的黑色纵纹，翅膀为金黄色。前翅外缘黑色宽带内有8个黄色椭圆斑。后翅外缘嵌有6个黄色月形斑，亚外缘是1列蓝雾斑，臀角有1个橘红圆斑，尾突细小。金凤蝶常栖息在伞形花科植物花蕾、嫩叶和嫩芽梢上。

蝴蝶小知识

金凤蝶幼虫在幼龄时为黑色。它们常于夜间取食，在遇惊时会放出臭气用来拒敌。

huì fèng dié de shēn tǐ hé chì miàn dà bù fen wéi cuì lǜ sè
喙凤蝶的身体和翅面大部分为翠绿色，
cí xióng yì xíng xióng dié hòu chì zhōng yù yǒu gè jiào dà de hú xíng
雌雄异形。雄蝶后翅中域有1个较大的弧形
jīn huáng sè bān hòu chì wài yuán chéng chǐ zhuàng qiě yǒu huáng sè xīn
金黄色斑，后翅外缘呈齿状，且有黄色新
yuè xíng bān cí dié hòu chì zhōng yù de jīn huáng sè dà bān bù míng
月形斑；雌蝶后翅中域的金黄色大斑不明
xiǎn wěi tū xiāng bǐ xióng dié gèng jiā xì cháng huì fèng dié chéng chóng
显，尾突相比雄蝶更加细长。喙凤蝶成虫
shēng huó zài shān lín dì dài zhǔ yào zài kuò yè cháng lǜ lín dài huó
生活在山林地带，主要在阔叶常绿林带活
dòng qí fēi xíng lì qiáng qiě sù dù jí kuài nán yǐ bǔ zhuō
动，其飞行力强且速度极快，难以捕捉。

喙凤蝶常栖息在木兰科的滇藏木兰上，其幼虫有五龄，一龄幼虫的头部呈暗褐色，成长至五龄时头部变为淡绿色。

曙凤蝶为我国台湾地区特有的大型蝶种，非常喜爱访花，飞行速度较缓慢。曙凤蝶的体背为黑色，两侧和腹面都长有桃红色的绒毛。雄蝶的翅膀正面为黑色，前翅端部较圆钝，后翅狭长，且后翅反面的下半部为红色，里面镶嵌有7个大大的黑色圆斑；雌蝶的翅膀正面为黑褐色，前翅略宽，后翅稍圆，且后翅反面的下半部红色较浅。

蝴蝶小知识

曙凤蝶生活在中海拔地区，以幼虫越冬。其成虫常见于夏季，栖息在马兜铃科的异叶马兜铃、大叶马兜铃等植物上。

旖凤蝶的翅膀为淡黄色或灰黄色，前翅有7条黑色的横带，后翅外缘的黑带镶嵌有5个弯月斑，靠前缘的1个为黄色，其他4个为蓝色。此外，其臀角还有1个黑色蓝心的三角斑和1个黄色横斑。旖凤蝶的飞行速度较快，但不太敏捷，经常在空中滑翔，雄蝶在夏天喜欢吸水。

旖凤蝶幼虫常在梅属、欧洲花楸、酸山楂、梨属等植物的叶片表面栖息，低龄期幼虫一般在阳光照射得到的部位活动。

绿带翠凤蝶的身体和翅膀都是黑色的，且翅膀布满翠绿色和蓝色鳞片。其后翅的近亚外缘有1条明显的蓝绿色横带纹，外缘有6个略呈弯月形的红斑，臀角还有1个圆形红斑，且较为明显的尾突中还有1条蓝色带。绿带翠凤蝶常沿山路飞行，飞行速度快。雄蝶喜欢于山路湿地和溪边饮水，而雌蝶则喜欢吸食多种花蜜。

蝴蝶小知识

绿带翠凤蝶幼虫栖息在芸香科的黄檗、柑橘类等植物上。其低龄幼虫体形细小，呈鸟粪状；老熟幼虫在遇敌时会释放臭气，用以退敌。

yù dài fèng dié shì yì zhǒng zhōng dà xíng hú dié huó dòng fàn
玉带凤蝶是一种中大型蝴蝶，活动范

wéi guǎng xǐ ài fǎng huā cháng chū xiàn zài yáng guāng pǔ zhào de huā
围广，喜爱访花，常出现在阳光普照的花

yuán yù dài fèng dié tóu bù jiào dà shēn tǐ hé chì bǎng chéng hēi
园。玉带凤蝶头部较大，身体和翅膀呈黑

sè qiě cí xióng yì xíng xióng dié xíng tài dān yī yǐ hēi sè wéi
色，且雌雄异形，雄蝶形态单一，以黑色为

zhǔ yǒu wěi tū qí hòu chì zhōng bù yǒu gè jiào dà de huáng bái
主，有尾突，其后翅中部有7个较大的黄白

sè bān xié xiàng pái liè chéng yù dài zhuàng héng guàn quán chì cí dié xíng
色斑，斜向排列成玉带状，横贯全翅；雌蝶形

tài jiào duō yǔ xióng dié de zhǔ yào qū bié zài yú chì miàn bān diǎn yán
态较多，与雄蝶的主要区别在于翅面斑点颜

sè bù tóng cí dié hòu chì bān diǎn duō wéi hóng sè huò chéng sè
色不同，雌蝶后翅斑点多为红色或橙色。

蝴蝶小知识

玉带凤蝶幼虫的习性与柑橘凤蝶相似，以桔梗、柑橘类芸香科植物的叶为食，因此被看作是农业生产上的害虫。

升天剑凤蝶在我国比较常见，其体背呈黑褐色，长有黄白色的长毛；双翅轻薄，呈半透明状，前、后翅均有长短不一的黑色横纹，有的横纹之间还嵌有淡黄色的斑，尾突细长如剑。升天剑凤蝶幼虫常栖息在大叶新木姜子等植物上，主要分布在我国中部至南部各省区，以及尼泊尔、印度、缅甸等地区。

升天剑凤蝶的卵呈球形，刚开始时为淡绿色，慢慢变为黄色，很有光泽。

美洲蓝凤蝶属于大型蝶类，触角细长，体背为深褐色，腹部呈黑色且较短。雄蝶背部呈深褐色，前翅呈蓝黑色，后翅平行于翅膀外边缘的地方有一连串黄色斑点；雌蝶与雄蝶外形相似，且斑点色彩一致，但雌蝶比雄蝶略大，其前后翅呈棕褐色。美洲蓝凤蝶的前足已退化，短小无爪，经常在白天活动，飞行迅速、敏捷。

蝴蝶小知识

美洲蓝凤蝶的幼虫常栖息在马兜铃科、旋花科和蓼科等植物上面，取食各种攀缘植物，特别是马兜铃的叶片。

niǎo yì cháng fèng dié
鸟翼裳凤蝶

鸟翼裳凤蝶属于大型蝶种，喜欢滑翔飞行，飞行速度较缓慢。成虫喜欢访花，经常在晨间或黄昏时吸食花蜜。鸟翼裳凤蝶的触角、头部和胸部都为黑色，腹部为黄色或浅棕色。雄蝶的前翅为黑色但略透，各翅脉纹两侧为黄色；雌蝶的前翅为棕色，各翅脉纹两侧为白色，且后翅有黑色的环链珠形斑点。

鸟翼裳凤蝶的幼虫体形较大，栖息在马兜铃属植物上，以马兜铃属植物的叶片为食。

青凤蝶飞行能力较强，喜欢访花吸蜜，分为春、夏两型，春型稍小。青凤蝶的翅膀为黑色或浅黑色，前翅有1列青蓝色的方斑，从前缘向后缘逐渐变大。后翅有3个斑位于前缘中部到后缘中部之间，且外缘区有1列弯月形的青蓝色斑纹。雄蝶与雌蝶在外形上略有差异，雄蝶的后翅有内缘褶，而雌蝶没有。

蝴蝶小知识

青凤蝶幼虫栖息在樟树、香楠、山胡椒等植物上面，随着幼虫的成长，它们的头部和身体颜色会由最初的暗褐色转为绿色。

tǒng shuài qīng fèng dié shǔ yú zhōng xíng hú dié bǐ jiào cháng
统帅青凤蝶属于中型蝴蝶，比较常
jiàn xǐ huan fǎng huā fēi xíng sù dù jiào kuài jīng cháng zài lín
见，喜欢访花，飞行速度较快，经常在林
qū huó dòng qí tǐ bèi wéi hēi sè qiě hēi hè sè de chì bǎng
区活动。其体背为黑色，且黑褐色的翅膀
shàng bù mǎn le xì suì de huáng lǜ sè bān wén qián chì zhōng yāng yǒu
上布满了细碎的黄绿色斑纹。前翅中央有
liè gè bān cóng nèi xiàng wài yī cì biàn xiǎo hòu chì wài yuán
1列8个斑，从内向外依次变小。后翅外缘
chéng bō zhuàng nèi yuán yǒu tiáo zòng dài shàng xià xiāng xù cóng jī
呈波状，内缘有2条纵带，上下相续，从基
bù xié zhì tún jiǎo cí dié yǔ xióng dié chā bié bú dà zhǐ shì
部斜至臀角。雌蝶与雄蝶差别不大，只是
wěi tū bǐ xióng dié cháng
尾突比雄蝶长。

蝴蝶小知识

统帅青凤蝶幼虫主要栖息在多种木兰科和番荔枝科植物上，如洋玉兰、白兰、番荔枝等，以其叶片和嫩芽为食。

三尾褐凤蝶生活在海拔2000米以上的山区，是我国特有的蝶种，被列为国家二级重点保护动物。其体翅均为黑色，前翅有8条细横带，后翅上半部有3～4条斜横带，且后翅近臀处有一块较大红斑和3个蓝色斑点，外缘处还有4～5块弯月形斑和3条长短不等的尾突。其雌雄外形相同，只是雌蝶比雄蝶稍大。

三尾褐凤蝶幼虫栖息在马兜铃科攀缘植物上，以其叶片和嫩芽为食。

大黄带凤蝶是在北美地区发现的最大的蝴蝶之一，其背部和翅膀均为黑色或黑褐色，前、后翅分布有成列的黄色斑纹，其中前翅斑块为方形，后翅斑块为半圆形，黑黄相间的色彩对比，使其极易辨认。大黄带凤蝶的臀角偏上处还长有1块黑心红斑，且较长的尾突上面缀有黄色细长水滴斑。

大黄带凤蝶的幼虫身体呈褐色，带有污白色斑。幼虫以各种野生植物为食。

美凤蝶

美凤蝶是一种雌雄异形且雌体多型的蝴蝶。雄蝶的飞翔能力强，雌蝶喜欢滑翔飞行，且飞行速度缓慢。雄蝶翅正面为蓝黑色，呈天鹅绒状。雌蝶无尾突型前翅基部为黑色，中室基部为红色，后翅基半部为黑色，端半部为白色长三角形斑，外缘呈波状，臀角处有长圆形黑斑。有尾突的雌蝶尾突末端膨大如锤状。

蝴蝶小知识

美凤蝶幼虫栖息在芸香科的柑橘类、双面刺、食茱萸等植物上。幼虫头部初呈黑褐色，而后颜色渐淡。

碧翠凤蝶的身体、翅膀均为黑色，布满了翠绿色的鳞片，在黑色脉纹间甚至集中成了翠绿的色带。后翅的翠绿色鳞片或均匀散布，或集中在上角附近呈翠蓝色，有的也会集中在其他位置。后翅外缘呈波状，亚外缘有1列弯月形的蓝色斑纹，臀角有红色的环形斑纹。它们的尾突比较大，一般为翠蓝色。

碧翠凤蝶幼虫栖息在芸香科的柑橘类、黄柏类、光叶花椒、食茱萸、贼仔树等植物上。

窄斑翠凤蝶

窄斑翠凤蝶是一种大型蝴蝶，主要在喜马拉雅山脉附近生活，飞行速度较慢，喜欢在早晨和黄昏的时候觅食。窄斑翠凤蝶的触须、头部和腹部均为黑色；雌蝶的前翅呈黑色，两边有绿色的条纹；后翅主要为黑色，有蓝色、绿色和紫色的斑点，像孔雀开屏一样。雄蝶比雌蝶稍小一些，区别特征是雄蝶后翅上有金黄色的纹路。

蝴蝶小知识

窄斑翠凤蝶幼虫喜食芸香科植物，主食毛刺花椒，也吃柑橘、无腺吴萸等。

非洲白凤蝶

非洲白凤蝶雄蝶的腹部呈锥形，翅膀呈黄色或白色。它们的前翅前缘呈黑色，顶角和翅外缘有大片黑色的斑纹。后翅的外缘和中室也有数量不同、大小不等的一些黑色斑点。它们的尾突比较长，而且突起的中部有1条翅脉穿过。雌蝶有多型现象，能各自模拟不同的斑蝶属蝴蝶，非拟态雌蝶的后翅像雄蝶一样有尾突。

蝴蝶小知识

非洲白凤蝶幼虫丰满，以栽培的柑橘和近缘植物为食，主要分布于撒哈拉沙漠以南的非洲、马达加斯加岛和科摩罗群岛。

rì běn hǔ fèng dié zhǔ yào fēn bù yú rì běn hé zhōng guó tái
日本虎凤蝶主要分布于日本和中国台
wān qí fēi xíng néng lì bù qiáng xǐ huan zài yáng guāng chōng zú de dì
湾，其飞行能力不强，喜欢在阳光充足的地
fang huó dòng jīng cháng xún fǎng liǔ shù yīng huā shù méi shù táo
方活动，经常寻访柳树、樱花树、梅树、桃
huā děng zhí wù qí chì bǎng jī sè wéi huáng sè yǒu jiào cū de hēi
花等植物。其翅膀基色为黄色，有较粗的黑
sè chì mài hēi huáng xiāng jiàn de bān wén yóu rú hǔ pí qián hòu
色翅脉，黑黄相间的斑纹犹如虎皮。前、后
chì jìn sì sān jiǎo xíng hòu chì wài yuán chéng bō làng zhuàng qiě qiàn yǒu
翅近似三角形，后翅外缘呈波浪状，且嵌有
wān yuè xíng huáng bān hé lán bān wěi tū jiào duǎn zài wài xíng shàng cí
弯月形黄斑和蓝斑，尾突较短。在外形上雌
xióng chā yì bú dà zhǐ shì cí dié yán sè shāo àn
雄差异不大，只是雌蝶颜色稍暗。

蝴蝶小知识

日本虎凤蝶幼虫形似鸟粪，有臭角，会在受到惊扰时释放臭气来拒敌。如被触动，会迅速掉落呈假死状态，持续20秒后，再慢慢爬回原处。

jiá dié
蛱 蝶

全世界约有6 000种蛱蝶，它们属于中大型蝴蝶，翅膀的正面大都比较艳丽，如孔雀蛱蝶、美眼蛱蝶、荨麻蛱蝶等。相比之下，其翅膀的腹面比较暗淡，一般为灰白色、淡褐色、土黄色等。当它们收拢翅膀静立的时候，看起来就像是一片枯叶，不过，这恰好可以帮助它们迷惑敌人、保护自己。

白带锯蛱蝶

白带锯蛱蝶飞行缓慢，姿态优美，经常在林缘地带、灌木丛和林窗活动，具有群集性，喜欢访花、传播花粉。雄蝶腹部和翅膀背面的主体颜色为橘红色，前翅顶端为黑色，并有1条明显的白色宽带，后翅边缘呈锯齿状，且缀有许多白色齿形纹。与雄蝶相比，雌蝶的颜色和花纹更加丰富。

蝴蝶小知识

白带锯蛱蝶因被天敌捕食，在野外的成活率极低。卵期的天敌主要为蚂蚁，幼虫期的天敌主要为蜘蛛、螳螂、猎蝽和各种小鸟等。

傲白蛱蝶飞行迅速，喜欢在密林中活动。其翅膀为白色，前翅的顶端有1块较大的黑色区域，上面镶嵌着两个明显的白斑点。前后翅连接处有乳黄色的斑块，后翅有不规则的黑斑点，边缘呈波状。傲白蛱蝶的蛹为保护自己不受伤害，常伪装成一片被虫子啃过的叶子，悬挂于朴树的叶子背面或翠绿的幼嫩枝条上。

蝴蝶小知识

傲白蛱蝶的幼虫主要栖息在一种珊瑚朴上面，这种珊瑚朴生长在石灰岩山地的碱性土壤中。

八目丝蛱蝶的体形大多为中型或大型，少数为小型。它们的复眼是裸出的，触角也较长，端部呈明显的锤状或棍棒状。雄蝶的翅面为灰褐色，前翅呈三角形，前后翅的中部有1条白色的宽带纵向贯通；后翅呈近三角形或近圆形，臀角缀有明显的黑斑，尾突小而尖。雌蝶的翅面一般呈半透明状，颜色浅黄或乳白，上面有深色的细纹。

蝴蝶小知识

八目丝蛱蝶的幼虫身体呈长圆筒形，头部较小。当幼虫从卵里被孵化出来的时候，会首先吃掉自己的卵壳。

yà zhōu hè jiá dié de cí dié bǐ jiào dà， chì bǎng chéng àn
亚洲褐蛱蝶的雌蝶比较大，翅膀呈暗
hè sè， shàng miàn yǒu hěn duō hēi hè sè de bān wén。 tā men de
褐色，上面有很多黑褐色的斑纹。它们的
qián chì jìn sì sān jiǎo xíng， yǒu mí sàn de bái huī sè dài， biān
前翅近似三角形，有弥散的白灰色带，边
dài fēn bù yǒu shēn hè sè de “V” xíng wén。 hòu chì jiào yuán，
带分布有深褐色的“V”形纹。后翅较圆，
qián hòu chì shàng dōu zhuì yǒu bù tóng chéng dù de bái sè bān wén。 zhè
前后翅上都缀有不同程度的白色斑纹。这
zhǒng hú dié cí xióng liǎng xìng de chì bǎng fǎn miàn dōu shì dàn hè sè
种蝴蝶雌雄两性的翅膀反面都是淡褐色
de， biān yuán yǒu hēi bān zǔ chéng de tiáo dài。
的，边缘有黑斑组成的条带。

蝴蝶小知识

亚洲褐蛱蝶幼虫身体为绿色，其背部分布有黄色的条纹。幼虫以芒果树和腰果树的叶子为食。

大紫蛱蝶属于大型蝶种，数量比较少，是日本的国蝶。它们的身体呈棕褐色，比较短。雄蝶的翅面呈紫黑色，整体有强烈的蓝紫色金属光泽，各翅室均有1～3列白色斑纹链；前翅大致呈三角形，后翅呈卵圆形，后翅臀角附近有2个红斑。雌蝶比雄蝶稍大，翅色为暗褐色，没有蓝紫色金属光泽。

蝴蝶小知识

大紫蛱蝶幼虫常栖息在朴树上面，其越冬时会爬行至植物根部附近的落叶堆中。

紫色帝王蝶

紫色帝王蝶的触角极长，端部膨大成锤状，身体的背部呈黑褐色。其全翅都弥漫着紫色的光晕，翅反面的图案呈黑褐色。它们的前翅缀有许多白色的斑点或斑块，后翅的中室有1条白色横斑，接近臀角处有1个橙色、黑色嵌套的大眼纹，非常明显；它们的翅膀内缘长有黑褐色的短绒毛，外缘基本为波浪形。

蝴蝶小知识

紫色帝王蝶分布广泛，英格兰南部、欧洲大陆及亚洲部分地区都能见到它的身影。

斐豹蛱蝶体形中等，飞行迅速，喜欢访花，雌雄异形。其触角较长，端部呈锤状，头部、胸部和腹部都是黄褐色。雄蝶的体形较大，翅面为橙黄色，布满黑色豹纹斑。翅的反面略呈灰白色，缀有大小不等的各种斑点。雌蝶前翅端部呈紫黑色，有1条较宽的白色斜带，顶部有许多白色小斑点。

斐豹蛱蝶幼虫常栖息的植物为戟叶堇菜、长萼堇菜、紫花地丁等，以其叶片为食。

红锯蛱蝶飞行低缓，喜访马缨丹花，因其色彩艳丽，且飞舞时体态优美，常出现在观光蝴蝶园中，具有很高的观赏价值。雄蝶翅膀正面为橙红色，前翅中域有一列“V”字形白斑，两翅黑色锯状外缘上有白色月形斑列；雌蝶翅膀呈灰色，部分雌蝶为绿色型，翅膀颜色以灰绿色为主，比较少见。

蝴蝶小知识

红锯蛱蝶幼虫具有聚集习性，常栖息在西番莲上，幼虫常聚集取食。

孔雀蛱蝶

孔雀蛱蝶生活在平地至低海拔地区，喜访花。其触角细长，端部膨大，背部为黑褐色，有短短的棕褐色绒毛。翅膀表面为鲜红色，前翅的前缘中部有1个黑色的大斑块，前翅和后翅各有1个较大的彩色眼斑，前翅的眼斑中心为红色。翅膀反面为暗褐色，有很多波状的黑褐色横纹，好像烟熏的枯叶，能为其提供良好的伪装。

蝴蝶小知识

孔雀蛱蝶的御敌方式是先装死，然后突然张开具有大型眼状斑纹的翅膀，将欲捕食它的鸟类吓走。

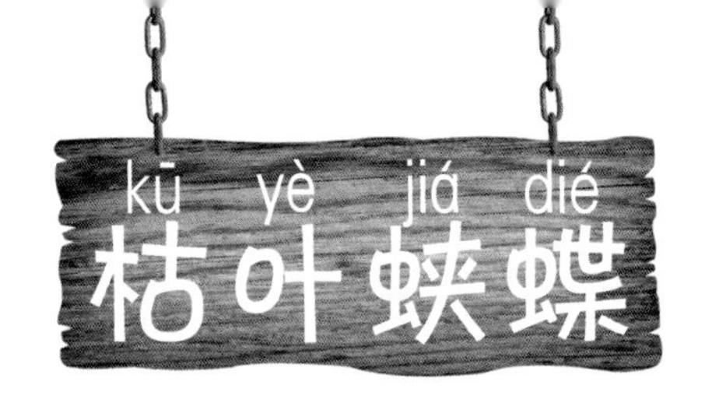

枯叶蛱蝶是我国稀有的蝶种，极善飞行，常停留于树干或有枯叶的地面。它们的体背呈黑色，翅膀呈褐色。前翅中域有1条宽大的橙黄色斜带，两侧有白点。前翅的顶角和后翅臀角向前后延伸，如叶尖和叶柄状。翅膀反面呈枯叶色，分布有叶脉状的条纹，翅面有灰褐色的斑点，深浅不一，和叶片上的病斑相似。

蝴蝶小知识

枯叶蛱蝶是蝶类中的拟态典型，当它们合拢两翅在树枝上休息时，很难将它们和枯叶区分开来。

美眼蛱蝶常在开阔地带活动，天气晴朗时喜欢访花。其翅面为橙黄色，前后翅的外缘都有3条细细的黑色波状线，且前后翅各有2～3个眼状斑，前翅近前缘的地方纵向排列着4条短短的黑色宽斑纹，最内侧的1条一般是空心的。美眼蛱蝶分为夏型和秋型，其中夏型翅缘较整齐，反面眼斑明显；秋型翅缘有突起，反面呈枯叶状。

美眼蛱蝶幼虫身体呈黑褐色，以马鞭草科的过江藤、车前草科的车前草等为食。

小环蛱蝶

小环蛱蝶喜欢滑翔，飞行速度较缓慢。其头部、背部都是黑色的，翅面也是黑色的，上面分布有较多白色的斑纹。前翅的端部近似三角形，中室有1条白色横纹，呈断续状，中域内的白斑呈弧形排列，整个前翅的白斑近似于箭头状。后翅有两条近似于平行的白色横斑带，上宽下窄。翅膀的反面呈棕红色或褐色。

蝴蝶小知识

小环蛱蝶幼虫以胡枝子、香豌豆、大山黧豆、五脉山黧豆等植物为食。

荨麻蛱蝶因常栖息在荨麻科植物上而得名。其翅面为黄褐色或红褐色，分布有黑色或黑褐色的斑纹。它们的前翅顶角内侧有一个白色斑点，中室内外和下面各有1道黑斑。前后翅的外缘都有1条黑褐色的宽带，里面有7~8个青蓝色的三角形斑点。翅膀的反面为黑褐色，中部有1条浅色的宽带。

蝴蝶小知识

荨麻蛱蝶幼虫身体呈黑色，体背及体侧有一条黄色纵带，以荨麻、大麻等植物为食。

黄钩蛱蝶属于中型蝶种，活动时间比较长，有夏型和秋型之分。它们的翅面为黄褐色，散布有黑色的大斑点，翅缘呈凹凸状。前翅和后翅的外缘突出部分比较尖锐，这一点在秋型蝶身上表现得尤其明显。它们的后翅的反面中域有一个银白色的“C”形图案。与雄蝶相比，雌蝶翅膀的颜色略暗；与夏型蝶相比，秋型蝶的颜色略暗。

蝴蝶小知识

黄钩蛱蝶幼虫以亚麻科的亚麻，芸香科的柑橘属，蔷薇科的梨属等植物为食。

北美斑纹蛱蝶

北美斑纹蛱蝶主要在春季至秋季活动。它们的触角细而长，端部为黄色，膨大成锤状。它们的翅膀主要呈褐色，翅面上分布有许多深褐色的斑点和色带，这些斑点和色带构成的图案复杂多变。它们的前翅端部镶嵌有独特的白斑，后翅外缘略呈波浪形。翅膀反面分布有7个黑白相间的眼纹。雌蝶与雄蝶相比体形稍大，颜色稍淡，且后翅更圆。

蝴蝶小知识

北美斑纹蛱蝶幼虫头部有小支角，身体呈鲜绿色，饰有黄色条纹。其以朴属植物为食。

柳紫闪蛱蝶飞行迅速，喜欢吸食树汁或畜粪，繁殖率很高，每年可生产3～4代。其外形与帝王紫蛱蝶较为相似，只是体形略小。它的翅膀呈黑褐色，在阳光照射时能泛出强烈的紫色虹彩。它们的前翅有10个左右的白斑，中室内点缀有4个黑点，还有1个黑色眼斑，围有棕色的眶；后翅的中央有1条白色横带，并且有1个小眼斑。

蝴蝶小知识

柳紫闪蛱蝶幼虫身体呈绿色，头部有 1 对白色角状突起，端部分叉。常栖息在杨柳科植物上，以柳树叶片为食。

xiǎo hóng jiá dié
小红蛱蝶

xiǎo hóng jiá dié shēn tǐ bǐ jiào xiǎo chù jiǎo jiào cháng dǐng
小红蛱蝶身体比较小，触角较长，顶
bù chéng míng xiǎn de chuí zhuàng tā men de chì bǎng zhèng miàn chéng jú hè
部呈明显的锤状。它们的翅膀正面呈橘褐
sè qián chì duō wéi sān jiǎo xíng chì duān chéng hēi sè jìn dǐng
色，前翅多为三角形，翅端呈黑色，近顶
jiǎo chù yǒu míng xiǎn de bái sè dài hé bái sè bān diǎn hòu chì jìn
角处有明显的白色带和白色斑点。后翅近
yuán xíng huò jìn sān jiǎo xíng wài yuán chéng jù chǐ zhuàng zhuì yǒu tiáo
圆形或近三角形，外缘呈锯齿状，缀有1条
bái sè de xì dài chì bǎng de fǎn miàn yì bān wéi hè sè huò huī
白色的细带。翅膀的反面一般为褐色或灰
sè xiǎo hóng jiá dié huì zài chūn jì qiān xǐ qiě guī mó jīng rén
色。小红蛱蝶会在春季迁徙，且规模惊人，
yǒu shí yě huì zài qiū jì qiān xǐ
有时也会在秋季迁徙。

蝴蝶小知识

小红蛱蝶和大红蛱蝶最大的不同是，大红蛱蝶翅面的褐色面积比较大。

优红蛱蝶

优红蛱蝶飞行迅速，且分布广泛，是常见的迁徙蝶种，栖息于稀树草原或森林草原、湿地沼泽、潮湿的树林、庭院、公园。它们的头部和背部为黑色。其翅膀基色为黑色，前翅中部有红色带，近顶角处有白色的心形斑纹。后翅也有两条红橙色的条带，条带内点缀着1列黑色小斑点，边缘处有白色的细带。

蝴蝶小知识

优红蛱蝶幼虫为毛虫，每次脱皮后它会将旧外壳吃掉。

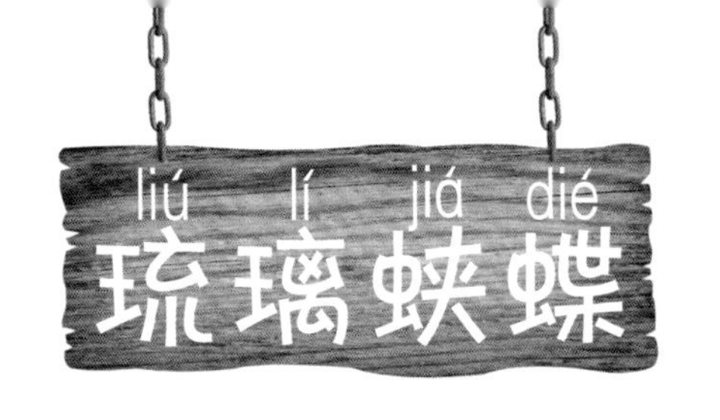

liú lí jiá dié shì yì zhǒng zhōng xíng jiá dié bǐ jiào shǎo
琉璃蛱蝶是一种中型蛱蝶，比较少
jiàn tā men de chì bǎng biǎo miàn chéng hēi sè yà dǐng duān yǒu gè
见。它们的翅膀表面呈黑色，亚顶端有1个
bái bān yà wài yuán yǒu tiáo lán zǐ sè de kuān dài zòng guàn qián chì
白斑，亚外缘有1条蓝紫色的宽带纵贯前翅
hé hòu chì ér zhè tiáo kuān dài zài hòu chì de bù fen zhuì yǒu jǐ
和后翅，而这条宽带在后翅的部分缀有几
gè xiǎo hēi bān hòu chì wài yuán chéng pò bù zhuàng qiě zhōng bù yǒu wěi
个小黑斑。后翅外缘呈破布状，且中部有尾
zhuàng tū qǐ chì bǎng fǎn miàn de bān wén jiào zá zhǔ yào wéi hēi hè
状突起。翅膀反面的斑纹较杂，主要为黑褐
sè liú lí jiá dié fēi xíng xùn sù yǒu lǐng yù xìng chú le dōng
色。琉璃蛱蝶飞行迅速，有领域性。除了冬
jì tā men yì bān shēng huó zài dī zhōng hǎi bá shān qū
季，它们一般生活在低、中海拔山区。

蝴蝶小知识

琉璃蛱蝶的雌蝶和雄蝶外形上比较相似，没有明显的差异。其幼虫取食菝葜科的多种菝葜。

黄帅蛱蝶

黄帅蛱蝶属于中大型蝴蝶，飞行速度较快，经常在树林边缘、公路等开阔地活动。它们的触角细长，复眼为橙黄色，头部和身体背部呈黑色。雄蝶的翅面为黑色，分布着大块的橙黄色条斑，且前翅的中域有不太明显的眼状斑。雌蝶翅面上条斑的排列图案和雄蝶一样，不过除了前翅中室有2个黄色斑，余下的均为白色条斑。

蝴蝶小知识

黄帅蛱蝶繁殖能力不强，一年只繁殖1代。其幼虫栖息在朴树上，以其叶片为食。

绿豹蛱蝶

绿豹蛱蝶的飞行能力很强，经常在树冠的附近滑翔飞行。雄蝶的翅面为橙黄色，分布有许多黑色的斑纹。前后翅的外缘都有1列黑斑，内侧都有2列平行的黑斑。前翅的中央部分有4条黑色横纹，后翅的基部为灰色，中部有两条不太规则的波状横纹。雌蝶整体颜色相对较暗，翅膀呈暗橙色，雌蝶与雄蝶相比，黑斑更为发达。

蝴蝶小知识

绿白蛱蝶幼虫以悬铃木科植物及杂灌木为食。

yún nán lì jiá dié fēi xíng xùn sù chì sè xiān yàn shì
云南丽蛱蝶飞行迅速，翅色鲜艳，是
fēi cháng gāo dàng de shōu cáng dié zhǒng tóu bù chéng hēi sè chì bǎng
非常高档的收藏蝶种。头部呈黑色，翅膀
de yán sè wéi gǎn lǎn lǜ sè huò dàn lán sè qián chì jìn sì sān
的颜色为橄榄绿色或淡蓝色。前翅近似三
jiǎo xíng yǒu gè zhǒng xíng zhuàng de dà bái bān hòu chì jī bù chéng
角形，有各种形状的大白斑。后翅基部呈
fěn lǜ sè nèi yuán chéng dàn huáng sè hēi sè bān diǎn zǔ chéng zhōng
粉绿色，内缘呈淡黄色，黑色斑点组成中
xiàn yà wài yuán yǒu fàng shè xìng de zòng wén hé sān jiǎo xíng hēi
线，亚外缘有放射性的纵纹和三角形黑
bān wài miàn xiāng qiàn zhe yì tiáo dàn huáng sè de biān xiàn huā wén
斑，外面镶嵌着一条淡黄色的边线，花纹
tú àn xiàng bǎi zhě qún yí yàng
图案像百褶裙一样。

蝴蝶小知识

云南丽蛱蝶幼虫共五龄，身体由绿色逐渐变为黄褐色。其具有假死习性，稍受惊扰便会掉落地面装死。

白带螯蛱蝶分为白带型和黄带型两种，是飞行速度最快的蝴蝶之一。它们的触角是黑色的，翅面为红褐色或黄褐色。雄蝶有较强的地域性行为，它们的前翅有较宽的黑色外缘带，中区有1条明显的白色横带。后翅的亚外缘也有1条黑带，外缘的中部有小小的呈齿状的尾突。雌蝶前翅白色宽带稍大，且后翅中域也有白色宽带。

蝴蝶小知识

白带螯蛱蝶幼虫常栖息在油樟、降香、海红豆、南洋楹等植物上，以这些植物的叶片为食。

翠蓝眼蛱蝶常见于低山地带的路旁及草地上。其头部为深褐色，身体为黑色。雄蝶前翅面基半部为深蓝色，有黑绒光泽，前翅端半部呈淡黄色，上面缀有一些褐色斑纹，还有2个眼状斑；后翅面的后缘为淡褐色，除此之外的大部分均为宝蓝色，近外缘处也有2个眼状斑。雌蝶与雄蝶相似，但雌蝶身体较丰满，翅面蓝色部分更少。

翠蓝眼蛱蝶幼虫以水蓑衣属植物的叶片和嫩芽为食。

bō wén yǎn jiá dié de chì bǎng zhèng miàn chéng dàn dàn de huī hè
波纹眼蛱蝶的翅膀正面呈淡淡的灰褐

sè shàng miàn yǒu hěn duō hè sè de bō wén zhuàng xiàn qián hòu chì
色，上面有很多褐色的波纹状线。前后翅

de wài yuán hé yà yuán gòng yǒu tiáo qián chì zhōng shì yǒu tiáo
的外缘和亚缘共有3条，前翅中室有5条。

cóng qián chì de qián yuán dào hòu chì jiē jìn tún jiǎo de dì fang yǒu
从前翅的前缘到后翅接近臀角的地方有

liè yǎn zhuàng bān yǒu xiē yǎn zhuàng bān shì hè quān bái xīn yǒu
1列眼状斑，有些眼状斑是褐圈白心，有

xiē yǎn zhuàng bān bái xīn bù fen yí bàn wéi jú hóng yí bàn wéi hēi
些眼状斑白心部分一半为橘红、一半为黑

sè cí dié bǐ xióng dié dà chì miàn bān wén yě gèng míng xiǎn
色。雌蝶比雄蝶大，翅面斑纹也更明显。

波纹眼蛱蝶幼虫栖息在苋科的空心莲子草和爵床科的假杜鹃属、水蓑衣属植物上面。

网丝蛱蝶飞行速度缓慢，喜欢停留在榕树树顶和溪边的石面上。其翅膀呈半透明的白色或淡黄色，外缘呈波状，一些褐色条纹从前翅前缘横穿后翅，直达后缘，和翅脉相交形成网状的纹饰。它们的前翅外缘有一道黑边，顶角比较尖锐，后角有1个夹杂着黄绿色的赭色斑。后翅有明显的尾突，但较短，臀角有两个花束般的花纹。

网丝蛱蝶幼虫身体独特，背部有一根粗壮的肉棘。幼虫以榕属植物为食。

黄缘蛱蝶雌雄两性在外形上比较相似，它们的背部和翅膀正面都是深紫褐色。前翅的前缘有2块淡黄色的斑点，前翅和后翅的外边缘都有1条宽宽的灰黄色带，这条色带上分布有许多细小的斑点。紧挨着这条色带还有1列带黑圈的蓝色大斑，后翅外缘中部有尾状的突起。黄缘蛱蝶广泛分布于北美洲及亚欧大陆，每年1代。

蝴蝶小知识

黄缘蛱蝶幼虫体节长着枝刺，中线上每节都长有红斑。其栖息在杨柳科、榆科和桦木科植物上面。

huī dié
灰 蝶

全世界的灰蝶共有4 500多种，目前人类对它们的研究还远远不够。它们属于中型或小型蝴蝶，翅膀正面大多为红、橙、蓝、绿、紫等较为鲜艳的颜色，翅膀的反面就不同了，常常是灰、白、褐等暗淡的颜色。大多数灰蝶雌雄异形，一般是正面长得不同，但反面是一样的。

琉璃小灰蝶

琉璃小灰蝶在外观上与台湾琉璃小灰蝶比较接近，它们的翅膀表面为淡淡的水青色，雌、雄蝶前后翅的正面斑纹差异比较显著，雄蝶的前后翅的黑色外缘比较窄，雌蝶的黑色外缘却很宽。它们翅膀反面的斑点比较细小，上翅的亚外缘处斑点呈弧形排列。这种蝴蝶数量较多，喜欢访花，常出现在春夏季的溪水边或湿地。

琉璃小灰蝶栖息在刺槐、胡枝子、蚕豆等植物上，广泛分布于亚洲、欧洲和北非。

亮灰蝶

亮灰蝶的雄蝶翅面为淡淡的紫褐色，前翅外缘为褐色，后翅前缘和顶角处均为暗灰色，臀角有2个黑色大斑。雌蝶前翅基后半部和后翅基部为青蓝色，其余则为暗灰色，后翅臀角处的2个黑斑比较清晰，尾突是尖尖的细针状。亮灰蝶的飞行能力较强，一般出现在阳光充足和开阔的地方，例如稻田和较稀疏的林地。

蝴蝶小知识

亮灰蝶幼虫的身体呈棕色，头部较小，以豆科植物的果荚和花序为食。

曲纹紫灰蝶属于小型蝶种，它们的触角端部呈棒状。雄蝶翅膀的正面为蓝紫色，外缘呈灰黑色；雌蝶翅膀的正面为灰黑色，前翅外缘为黑色，亚外缘有黑白2条明显的细带，后翅外缘也有细细的黑白色的边。曲纹紫灰蝶产卵量极大，每年可发生6～7代，对植物造成严重危害。

曲纹紫灰蝶幼虫呈扁椭圆形，栖息在苏铁属植物上，以其嫩羽叶为食。

银蓝灰蝶

银蓝灰蝶雌雄异形，雄蝶翅膀正面呈青蓝色，有青色的光泽，边缘有较明显的黑色带，还生有较长的银白色缘毛，后翅有1列与外缘色带相混合的黑色圆点。雌蝶的翅膀正面为棕褐色，前后翅的亚外缘生有1列黑色斑。银蓝灰蝶的幼虫具有相互残杀的习性，且常与蚂蚁共生。

蝴蝶小知识

银蓝灰蝶幼虫常栖息在大豆、豇豆、绿豆、沙打旺、苜蓿、紫云英、黄芪等植物上，以其叶片下表皮和叶肉为食。

红灰蝶属于小型蝶类，其前翅为橙红色，每一侧都分布着9个较大的黑斑。它们的后翅主要为黑褐色，近边缘处有1条红色的带区，且带区外侧有一些黑点。此外，其后翅端部为黑色，并长有微小尾突。红灰蝶的毛虫对气温异常敏感，它们会在温度适宜时于叶片上取食，当温度下降时便会及时返回地面避寒。

蝴蝶小知识

红灰蝶幼虫常栖息在何首乌、羊蹄草、酸模等蓼科植物上，以这些植物的叶片和嫩芽为食。

橙灰蝶

橙灰蝶喜好访花，雌雄异形。雄蝶翅面一般为朱红色或橙黄色，前翅外缘有1条较窄的黑带，后翅外缘的黑带与内侧的黑点相混合。雌蝶前翅亚缘有1列整齐的黑点，后翅为黑褐色。雌、雄蝶反面斑纹相同，前翅的反面为淡黄色，后翅反面为灰褐色，基部为蓝灰色，除了橙黄色亚缘带，还有3列整齐的黑点。

蝴蝶小知识

橙灰蝶幼虫栖息在各种蓼科酸模属植物上，且幼虫喜欢藏身在其取食的花或果实里面。

互动小课堂

小朋友，当这些蝴蝶飞到你的眼前时，你能认出它们吗？试着说一说它们的名字吧！

(　　　　)　(　　　　)　(　　　　)

(　　　　)　(　　　　)　(　　　　)

(　　　　)　(　　　　)　(　　　　)